JN112359

歌舞伎町の野良猫『たにゃ』と僕

たにゃパパ・著

2022.2.22　Twitterより

歌舞伎町、
何かの理由で流れ着いたこの街は
欲の渦で溺れそうになる。

人の底が見えて、
その底に踏みつけられながら歩く。
そんな街で生きる野良猫に出会った。

どこか冷たいその目はこの街の人と同じだ。
吸い込まれるように俺はおまえの虜に。

生きるってことを毎日教わりながら、
励まし合いながら。

東洋一の繁華街・歌舞伎町。
このキラキラした街の片すみで、
誰にも見向きもされなかった僕。
「僕、ここにいるよ」って声を出しても
街の雑踏の中では、かき消されちゃうんだ、、、。
でもたったひとり、
僕の声に気づいてくれた人がいたんだ。

Introduction

2020年初頭。未曾有のウイルスが世界中を襲った。新型コロナウイルスだ。

コロナ禍になって、仕事もお金もまわらなくなり、僕ははじめて人生の終わりを感じた。

歌舞伎町に来て20年ほどになるけど、歌舞伎町って街はそれまでたくさんの人々のストレスを受け止めてきたはずなのに、コロナ禍で一気に悪者にされた。歌舞伎町がコロナを拡大させている、とも言われ、街から人が消えた。そんな街で商いをしている僕の会社は傾き、責任者だった僕は歌舞伎町と一緒に悪者にされた。お金もなく、身も心もボロボロ。僕は…もう…。

そんなとき、僕の前に薄汚れた白い野良猫が現れた。お互いにボロボロで、なんだか親近感が湧いてね…。それからは毎日、歌舞伎町にあ

る僕の借りていた駐車場に君が現れるようになったんだ。

あのころの僕は仕事やお金のことばかり考えていた。でも、君のことを考えている時間は僕をとても楽にしてくれた。ディスカウントストアで「ご飯、何が喜ぶかな?」って考えている時間が唯一楽しい時間。

白い野良猫に自分の名の一部を取って「たにゃ」と名づけた。君に会うことが、僕が生きる理由になった。僕がいなくなったら、あいつご飯困るだろうな…ずっと待ってるだろうな…って。野良猫の心配している場合じゃないのにって、自分で笑ったのを覚えてる。

夏を乗り越えて、冬を乗り越え、2回目の夏の終わりごろ、僕たちの駐車場になんと新しくビルが建つことが決まったんだ。

僕たちの場所がなくなる…それなら僕と一緒に新しい場所へ行かないか?

たしにゃパパMEMO

「こんなおうち嫌だよ…本当は。汚くて汚くて…でもここしかないんだ」。さみしそうに僕を見た。

君のことを考えている時間は
身も心も追い込まれた僕を
とてもラクにしてくれた。

「明日も会えますように」が僕たちの
おやすみなさい。

俺がいなくなったら、あいつずっと待ってるかもな。来ないな、来ないなってずっとずっと。

理由があると思うんだ。
君が僕の前に現れた理由が。

上を向いて歩こうって言うけどさ
下を向いてトボトボ歩いていたから
君と出会えたね

こんな場所にだって
花は咲き、春がくる。
俺たちにも
必ず春がくる。

僕は君に会うために生きて、

君は僕に会うために生きて。

なんだよ…ジッと見てきて…
俺、情けない顔してるだろ？

明日の君を
見たいから、
今日も生きる

夜はいつも不安そうな顔をしていた。歌舞伎町の夜は騒がしく、そして長い。君はひとりで朝を待ってるんだ。

疲れただろ……
野良猫も……

いつからか、君は
嫌いなものを残すように。
僕はうれしかった。
「明日もご飯がある」
安心からの食べ残し。

苦情が出ないように掃除。
たにゃがこの場所で生活する
ためには大事なこと。
寝てないで手伝ってよ～

同僚から
送られてきた写真。
待ってますよ、
ずっと入り口見て
待ってますよ、、、って。
泣きながら
そこに向かった。

このころ、僕たちの目に映る世界は暗い色をしていた。
モノトーンだったり、グレーだったり、セピアだったり、、、
振り返って当時の写真を見ると、その鮮やかさに驚く。

生きるんだ
生きるんだ

たにゃは震えながら次の朝の太陽を待っている。
「よかったら、僕もあたたかいあなたのおうちに迎えてくれませんか？」

たにゃと僕の日々

ここには、キラキラした表情の猫も、映える景色もありません。
あるのは、僕が毎日小さな命と向き合いながら何気なく撮った写真ばかり。
当時は本になるなんて考えもしなかったから、、、フォトエッセイといっても、
載せられるのは少し型遅れのiPhoneで撮った写真だけ。
でも、飾らないから、ありのままだから、伝わることもあるのだと思います。
これが歌舞伎町で生き抜いた野良猫のリアルな姿。

そもそもTwitterをはじめた理由は、、、記録。君がここに生きていた記録
を残すこと。
小さな命に向き合ってるときは、僕自身も素直でいられました。そしてその
小さな命の声が徐々に広まって、、、いろいろとトラブルも多いSNSの世界
だけど、僕たちのTwitterは優しい言葉に包まれていました。

たにゃ、もうひとりじゃないよ、、僕はもちろん、みんなが応援してくれてい
る。みんなが名もなかったおまえを、たにゃって呼んでくれているんだ。
僕とたにゃは「こんなことってあるんだね?」って顔を見合わせて。
僕たちの物語をどうぞご覧ください。

※編集部注
たにゃパパさんのTwitter原文を基本としていますが、掲載にあたり、一部の表現や写真を変更しています

2022.2.15

出会ったのはちょうど1年前ぐらい。
突如僕の前に現れた。
普段野良猫を見てもなんとも思わないんだけど、、
その時の俺は相当弱ってて、、、
誰かと話したかったんだろう。
コンビニで猫缶買ってあげてみた、からのつき合い。

2022.2.15

フラッシュたいちゃった。食事中ごめんな。
食べてる姿を見てると、殺気を感じるというか
生きよう、生きよう、って思いがすごい伝わんだ。
今日は2回ご飯をあげられた。寒い夜だから踏ん張れよ。
野良猫みたいに耐えて耐えて泥水すすってりゃ
いつか手を差し伸べてくれる人が現れるかも。
わずかな光を夢見ながら僕も今日を生きる。

歌舞伎町の日々

2022.2.17

ご飯をあげるようになって1年。
まだ触らせてくれないけど、、、
一緒に住みたいって思うんだけど、、、
野良の方が自由でいいか?
最後は暖かい家で
のんびりもいいんじゃないか?
毎日自問自答、、、悩む。

パパさんのこのときの気持ち

当時、「自由の方がいいか?」って書いていたのは、たにゃに向き合うのが怖くて、自分への言い訳としてだったのかもしれません、、、。

2022.2.19

ご飯あげる時につまずいて皿ひっくり返したら
めっちゃ怒ってはる、、、、
「グワァ〜やりよったぁ〜俺のご飯ぐわぁ〜!!!」
って感じやろか、、、
そんな怒らんでも、、、す、すまん、、

2022.2.19

歌舞伎町でひとりで生きている。
俺と出会うまでご飯はどうしてたの？
ずっと俺の前に現れてくれよ。
ご飯の心配はないからな。

パパさんのこのときの気持ち

今でも、不思議で、わからないこと、、、。それはどうやってご飯を食べて、どうやって生きてこれたのか？　この環境で、、

ご飯をあげてるとカラスが狙う。
上からギャーギャーと鳴く。
俺は小石を握り締めて、守る。
食べても皿からすぐに離れない時は
ご飯足りないよ、、の合図。
歌舞伎町の野良は強い。
朝まで響く騒ぎ声やサイレンや酔っ払い。
敵だらけ。安心して眠れる夜などない。
その中で懸命に生きる。

2022.2.20

ん?　何?　どうした??
ご飯足りなかった?
ご飯食べたあと、
振り返ってジッと俺を見て。
何か言いたげ。
その後、いつものビルの隙間に
トボトボ帰っていった。
その姿を見て
なんとも言えない感情に浸る。
頑張ろうな。

2022.2.21

このムスっとした顔が
たまらなくかわいい、、、

2022.2.22

うぉ～い、世間は猫の日なんだとぉ～。
なんで、今日は特別ご飯だぞ。
ほれ、本マグロだぞ！
もう少し喜んで～な､､､

「ん？　なんだ､､このご飯､､いつもと違うニャ､､」
なんだかいつものご飯と違うので戸惑ってる､､､💦
今日は『スーパー猫の日』※なんだってよ。
なんで特別ディナーだ。

※編集部注：2022年2月2日は、「2」が6つ並ぶ「スーパー猫の日」と言われていた

「マグロだけじゃなくブリも入ってるぅ～」
気に入っていただけたかな？　猫の日ディナー。
これぐらいしかできなくてごめん。
いつか、一緒に､､､って思うんだけど､､､

頑張ろうな。

2022.2.23

1年経っても全然警戒されてるけど
少しずつ距離が縮まり、
少し優しい顔になった気がする。

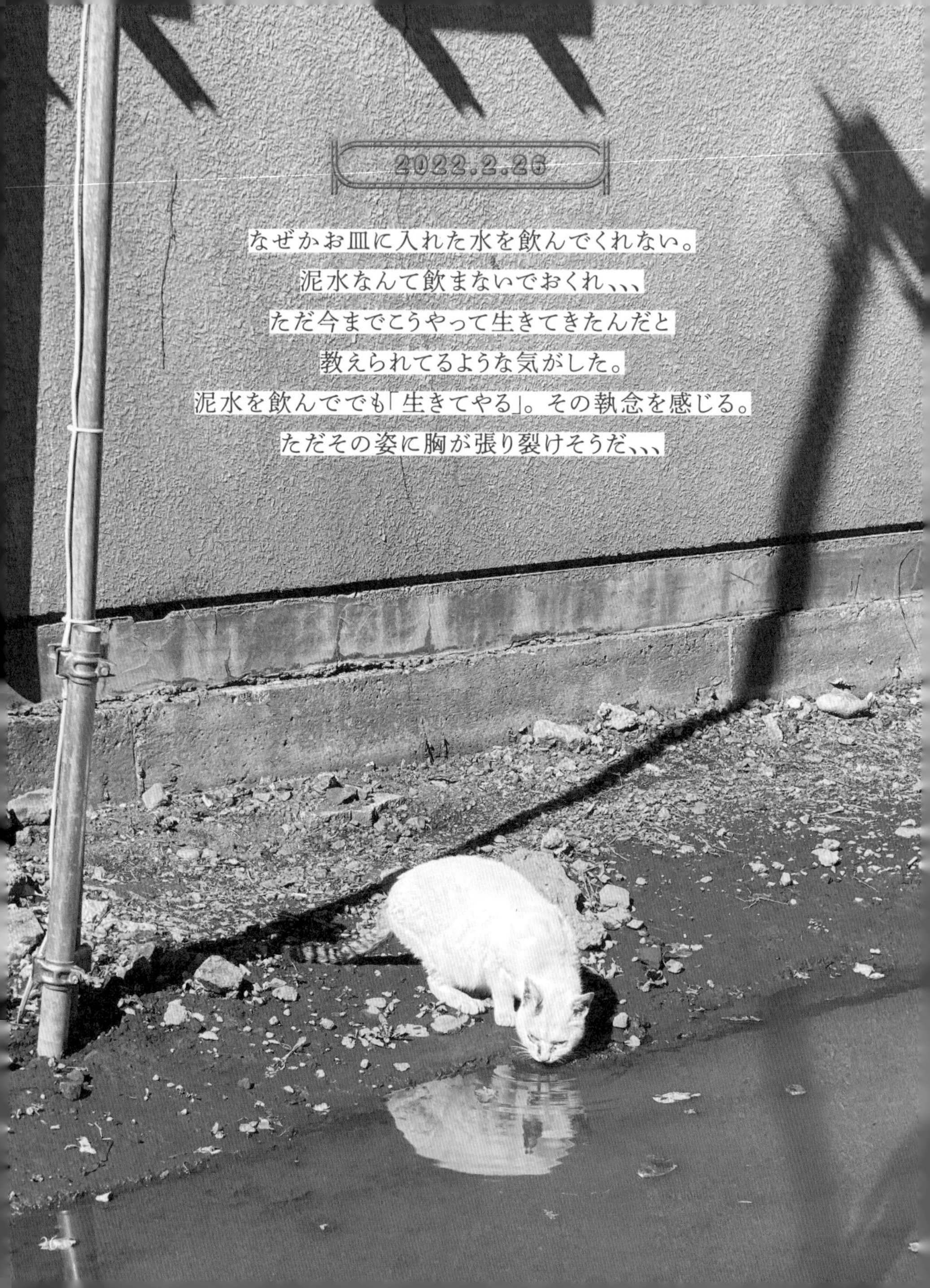

2022.2.26

なぜかお皿に入れた水を飲んでくれない。
泥水なんて飲まないでおくれ、、、
ただ今までこうやって生きてきたんだと
教えられてるような気がした。
泥水を飲んででも「生きてやる」。その執念を感じる。
ただその姿に胸が張り裂けそうだ、、、

2022.2.28

歌舞伎町の野良に出会って1年。
ほんの少し、、ほんの少しですが光が見えてきました。
屋根のある場所で僕ら一緒に過ごせるかもしれません。
薄汚れたおっさんと薄汚れた野良猫ですが、
応援よろしくお願いします。

外が寒かったり、雨だったり、出張で
ご飯をあげられなかったりすると胸が締めつけられる思いに。
残された数日でも暖かい部屋でゆっくり寝かせてあげたい。
最後は「色々大変だったけど生まれてよかった、、」そう思ってほしい。
早く迎えたい。おっさん頑張る。

この世は不公平。
戦争がはじまる国に生まれる子、
親がいない子ども。
犬や猫だって。
床暖房で寝ている猫もいれば、
残飯をあさってる猫だっている。
なんなんだろう、、いったい、、、。

2022.3.4

おまえ、、中途半端だなぁ～

白猫～と思ったらしっぽ残っててぇ～

顔も黒いのがうっすらとアザみたいじゃないか、、
歌舞伎町でそれはガラ悪いよ。
俺と一緒だな、中途半端。

半端者同士、頑張って生きようぜ。

2022.3.5

歌舞伎町の夜がはじまる､､､

不安だよな､､､ わかってるよ。

なんとかするから､､

そう思って1年だけど､､

頑張ろうな。頑張ってな。

2022.3.8

明日ご飯にありつける保証なんてない。
ただ生きるために必死に食べる。
飼い猫のように気品ある食べ方じゃないけど、、
見てて「生きないと」「生きてやる」
どちらかはわからないけど、思いが伝わってくる。
グッとくる。

2022.3.8

いつもこのビルの間に帰っていく。
室外機が暖かいのか、人間が通らないからか、
でも劣悪な環境だから見ててキツイ、、、。
今日はご飯を食べないから、寝床まで追いかけた。
「本当にいいの?」「食べないの?」
問いかけに振り向いてくれたけど。
心配だ。明日食べてくれますように、、、。

パパさんのこのときの気持ち

ご飯を食べてくれない時期、今までありがとな、って言われたようで、、。いや、待って、、居なくならないよね?って、、心臓がドクンドクンしました。猫って体調が悪いと姿を消すって言うじゃないですか、、、。

2022.3.9

どうした？
こいつはいつも
何かを言いたそうにジッと見てくる。
今日はおまえの心配をしているんだぞ？
いや今日じゃない
毎日おまえの心配をしているよ。
一緒になりたい。

2022.3.10

暖かい日はいつもここで寝てる。
ゆっくりゆっくり、
休めたことなんてないんだろう。
安心して深い眠りにつくこと
なんてないんだろう。
ここは歌舞伎町。
残された数日の命だとしても、
最後、お腹いっぱいで日向ぼっこして、
安心して眠りながら、、って思う。
叶えたい。

歌舞伎町の日々
2022.3.14
出会った瞬間、僕はこの目にやられた。
すべてを悟ったようなこの目は
今でも見つめられるとドキッとする。
歌舞伎町でひとり生き抜いてきた、目。

2022.3.14

おまえはどうしてそんな健気な顔ができるんだ？
ずっとひとりぼっちなんだろ？
生ゴミ食べてきたんだろ？
サイレン、酔っ払いにビクビクしながら、必死に生きてきたんだろ？
なのに、なんでそんな澄んだ目で俺を見られるんだ？
強いな､､強すぎるよ。

2022.3.15

俺はおまえの人生の中で、腹いっぱい食べて
日向ぼっこできる時間ができたことをうれしく思う。
頑張って生きてれば、いいことだってあるんだ。
もう生ゴミをあさって生きなくていいからな。
毎日俺の前に出てきておくれ。
腹いっぱい食わせるから、、

けど、、生意気に見えてきた、、😁

2022.3.18

生きてきた背中。
汚い汚い街をひとりで生きてきた背中。
俺もおまえもなんとか生きてる。
明日もなんとか生きような。

2022. 3.21

振り向いて、「ニャ〜」と言った。
ここが僕のおうちだよ、そう言ったのかな？
そう、野良猫「たにゃ」はここで寝てる。
「たにゃ」と出会い、記録としてTwitterをはじめたけど、
Twitterの中の猫たちは、温かい写真ばかりだった。
この写真を見ると胸が締め上げられる。
これが「たにゃ」の現実。

室外機が暖かいんだろう
足を伸ばすこともなく
へそ天で寝ることもなく
ビルとビルの間で小さく小さくなって寝ている

なにもしてあげられなくてごめん

クソだ、、かわいそう、
かわいそうしか言えない俺はクソだ、、

悔しい

パパさんのこのときの気持ち

僕はこんなことを思っていても、結局家に帰って温かいシャワーを浴びて、ベットで寝ているわけじゃないですか、、、。なんかそれがすごく嫌でした。

2022.3.22

歌舞伎町は雪まじり
雨だと会えないことが多いんだけど、
今日は頑張って出てきてくれた。
お腹が減ってるのかな？？
冷え込むから、少しでもパワーをつけて乗り越えてね。
いつもの「うみゃ〜」って顔見られてひと安心

2022.3.25

前からしてやりたかったこと。
「たにゃ」が日向ぼっこする場所を少しでも快適にすること。

いつも決まった場所で暖かい日は寝てるけど、そこはゴミが汚くて。
だから掃除して藁を敷いてやろうと。

パパさんのこのときの気持ち

このとき、「おいおい、あのおっさん。いよいよ駐車場に藁を敷きだしたぞ」って周りの人たちに苦笑いされました、、。でも、みんながたにゃの寝床を避けて車を停めてくれて、、、。たにゃのおかげで、歌舞伎町の人の心に、氷が溶けだすようにじんわりとあったかい気持ちが広がったのかもしれません。

2022.3.29

朝ご飯が終わると
敷いた藁の上にチョンと座った。

「これ、ありがとね、使ってるよ」

そう言われた気がしてうれしかった。

カリカリ残してるけど、、💢

2022.3.30

出会ったばかりの時。警戒心バリバリですさんでいた。
そりゃそうさ、ひとりこの歌舞伎町で必死に生きてきたんだから。
この時はご飯を缶詰のままあげてた。
食べにくかったよな、、ごめん。

これが、出会ったころの「たにゃ」。

警戒心剥き出しでゾクっとするような眼光、、は冷たく、
いや、今言葉にしようと色々書いているけど、
何の言葉を書こうが
この時の「たにゃ」には追いつかない、、薄くなる。

そう、この写真がすべて。

歌舞伎町をひとり生き抜いた野良猫。

2022.3.30

正直ご飯をあげに行くのを
とても面倒に思う時がある。
仕事が終わりこのまま家に帰りたい、、、
出先からなら特に。
混んでると+数時間だから、、。
でもモヤモヤして、、
気になって仕方がないから
頑張って行くようにしている、、
暗闇でいつ来るかわからない俺を
ジッと待ってんだから、、、。

パパさんのこのときの気持ち

たにゃに会いに行って、出てきれくれない時だってあった。でも大きな声で「たにゃ～」って呼んでたから、僕の声は聞こえていたはず。「あ、来てくれたんだな」って思ってくれれば、それでよかった。

2022.4.3

「明日はどんな1日だろう?」と思っているような、優しい眼差し。
そう感じる。
人だって明日に希望を見つけることなんて難しい。
歌舞伎町なんて街は特に。
明日のご飯、天気、なんだっていい。
「たにゃ」にとって少しでも気持ちが楽な時間が増えますように。
それが俺にとっての希望。

2022.4.10

「たにゃ」のまわりに小さな花。
歌舞伎町にだって花は咲く。
小さな幸せでも、探して摘んで集めて生きていく。
無理矢理探すんだ、、幸せだって思えることを。
そうでもしないとやってられなくなるから。
そうだろ？「たにゃ」。

2022.4.14
出会ったころの「たにゃ」の写真
こんなに小さかったんだね、、、。
怯えたような目。
この小さな体で
ひとり歌舞伎町で
生き抜いてきたんだと思うと、、、。
ご飯はどうしてたの？
生ゴミ、吐かれたもの、、、
考えたくない
頑張ったね。

COLUMN #001

野良猫にどうか優しさを。

街で野良猫を見て、「かわいい」って思いますよね。僕もそう思ってました。
でも、歌舞伎町でたにゃと出会ってから、その過酷な暮らしを知るにつれ、僕はだんだんと辛くなってきました。野良猫を見つけるのが怖くて、、、できるだけ上を見て歩きたいと思ってしまうんです。

もしも野良猫を見たら。
あなたの目の前に現れた子はもう十分に頑張りました。もう無理だよ、、、って毎日思いながら、それでも生きて。「頑張ってね」じゃなくて、「頑張ったね」って言ってあげてください。もしよかったら「もう頑張らなくていいんだよ」って手を差し伸べてあげてください。

2022.10.7 Twitterより

たにゃ、今日は寒いね。過酷な環境を生きる野良猫がより多くの優しさに触れ、一匹でも多く卒業できる世でありますように。

2023.2.10 Twitterより

東京は雪から雨。
この寒空の下、必死に生きている小さな命に、どうか、手を、傘を、ご飯を、明日に望みを繋げられる、温かい、何かを、、よろしくお願いします。

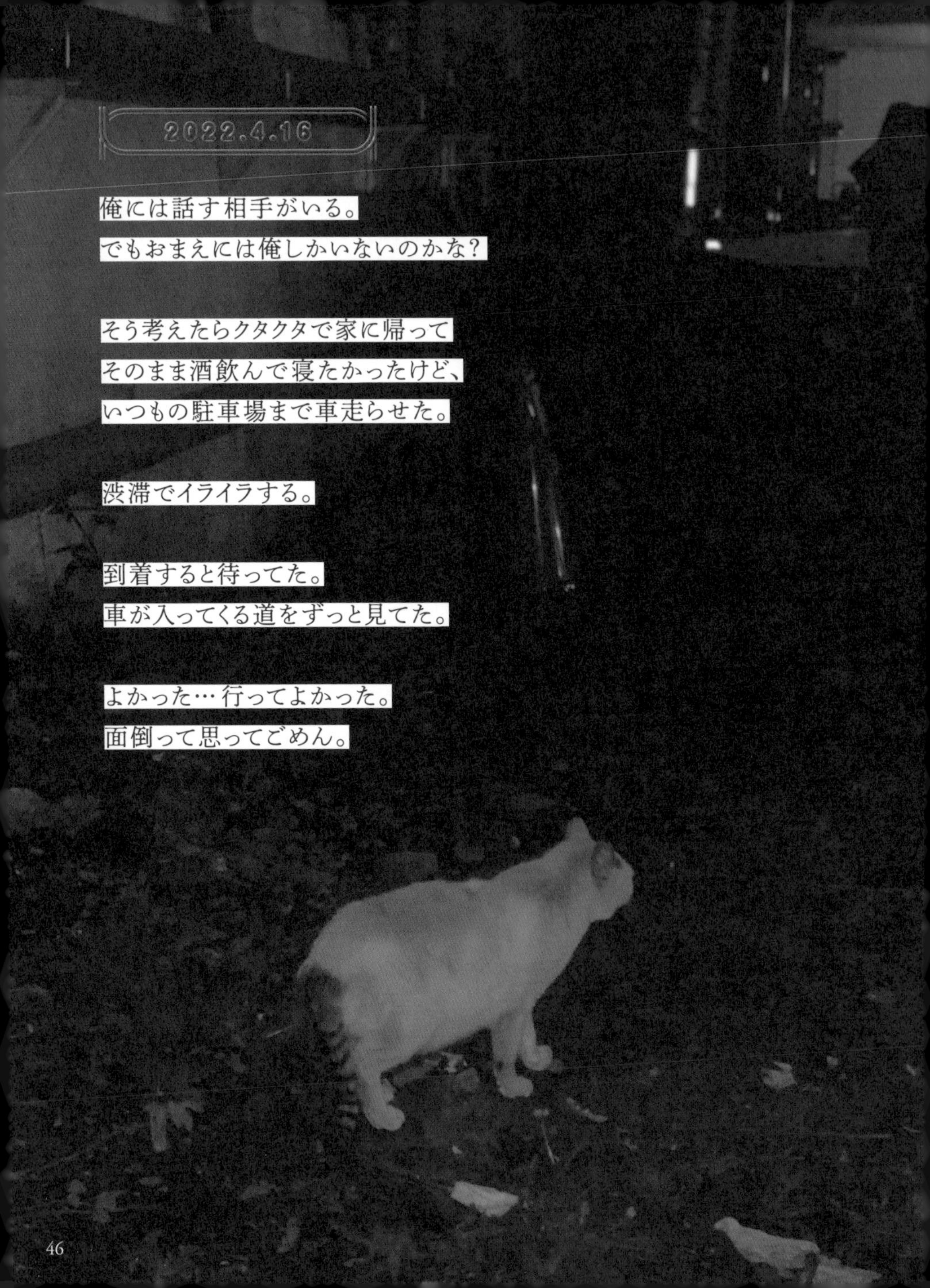

2022.4.16

俺には話す相手がいる。
でもおまえには俺しかいないのかな?

そう考えたらクタクタで家に帰って
そのまま酒飲んで寝たかったけど、
いつもの駐車場まで車走らせた。

渋滞でイライラする。

到着すると待ってた。
車が入ってくる道をずっと見てた。

よかった… 行ってよかった。
面倒って思ってごめん。

歌舞伎町の日々

2022.4.20

たんぽぽと野良猫。

種が落ちた所にたまたま土があった。
コンクリートだらけのこの街で奇跡に近い。

おまえもたんぽぽと同じ。
たまたまいた場所で俺と会った。

奇跡ともいえるふたつの命は
今、力強く咲いている。

たんぽぽの花言葉は
「愛の神託」。

2022.5.16

「なんでずぶ濡れで立ってるの?」って…
おまえが傘使ってるからや… 。
傘1本しかないねん…はよ食え。

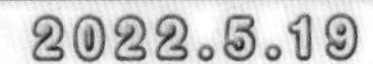

2022.5.19

「外の世界ってさ?」

ん?

「暑いなぁ〜とか寒いなぁ〜とかないの?
かゆいな〜も?　嫌いな雨も?
明日ご飯あるかなって心配も?
どこか痛いってなっても治せるんだ?
夜は怖くない?
静かに寝られる?」

うん。
そっかぁ〜…どう?
そろそろさ…

「うん」。

2022.5.24

出会って1年とちょい。
俺とこいつの距離、ここまで縮まった。
最近ご飯を待つとき、ヨイショって
足元に一歩踏み込んでくれるようになった。
こいつからしたらすごく勇気がいること。
その一歩をめちゃくちゃうれしく思う。
俺にはわかる、その一歩の重み。

2022.5.27

おやすみ…

ってもうやめないか?

そんなとこで寝るの。

卒業しようよ。もうゆっくりしようよ。

俺も頑張るし、

おまえにも少し変わってほしいんだ。

甘えるってことを覚えてほしいんだ。

自分1人で頑張るんじゃなくて
2人で頑張ろうよ。

パパさんのこのときの気持ち

ビルとビルの間は約50cm。このすき間でたにゃは何年も暮らした。たにゃの見ていた空は狭い。見上げてもわずかにしか見えない空を見て、何を思っていたのだろう、、、。

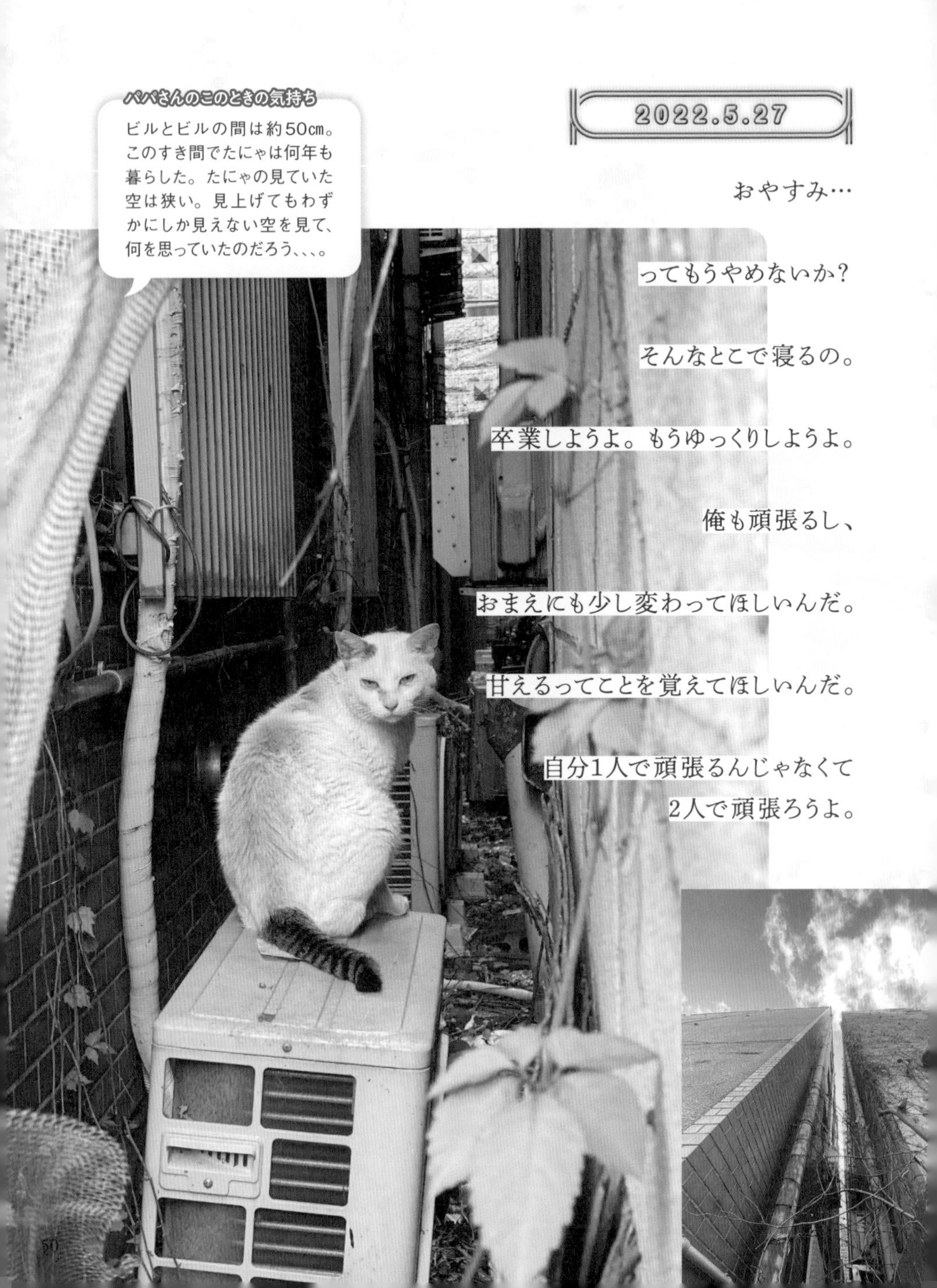

2022.5.31

心配しないで。

明日も必ず会える。

俺は絶対にいなくならない。

絶対に、だ。

2022.6.2

ホレホレ…入ってみたら??

「なんで押すニャ～💢」

いや… モゾモゾしてるから… つい…

「自分のペースってのがあるニャ!
じっくりやるタイプニャ!」

そっ、そ～なの?? ｗｗｗ

「笑うニャ！　見とけニャ～」

見てるけど…

2人で少しずつ、少しずつ、
頑張ってます。

パパさんのこのときの気持ち

猫柄の布をかぶせているのは新宿区でレンタルした捕獲器。ご飯をこの中に置いて、食べている間に、、、という作戦。ここから、僕たちが一緒に家に帰る練習が始まった、、、

2022.6.8

なかなかうまくできないね…

落ち込まないで…

怖いな、、って思うよね、、

「毎日なんでこの中でご飯食べるの?」って思うよね、、

ビクビクしながらご飯、嫌だよね…

ごめんね、、ごめん。

笑えるかな??
この先、2人で。

一緒にペットのコジマ行こ〜な!
一緒に刺身で晩酌しよ〜な!

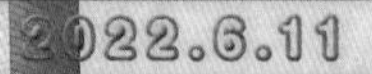

近寄ると逃げるくせにさ、
帰ろうとすると車の側から離れない。
ジッと俺を見て道をふさぐ。

何？
助手席あいてるよ？
飛び乗っておいでよ。
でさ、そのまま2人でどっか行っちゃうか？

俺も色々面倒で、この街から出たいしさ。
知らない土地で2人でイチからってのも悪くないよな。

パパさんのこのときの気持ち

本当に、たにゃさえいれば、なんとかなる気がしたんです。こいつとなら人生やり直せるって。今も本気です。伝わったと思いますよ。たにゃだって、きっと「だったら俺もおまえに賭けてみる」って、、、ね。

2022.6.12

フフンっ♫って顔して〜

何？　なんかいいことあった?

俺はさっぱりだわ…
誰かさんは言うこと聞かないし…

けどおまえにいいことがあったならいいや。

その顔見れただけでじゅ〜ぶん♫

2022.6.14

今のおまえの状態で「野良猫なんて拾ってる場合?」
って言われたら返す言葉もない…。
ただ
「野良猫なんてのなんては余計だろ」
「拾うって言うな、落ちてるわけじゃねぇよ」

COLUMN

たにゃ捕獲への道　2022.7.5

準備

準備はこんな感じ。
たにゃ、朝ご飯は抜いた。
動物病院にも電話した。
「野良猫で、、野良猫なんですけど、、」って自分でも何言ってるのかわからなくなった。クスッと笑いながら「待ってます」って言ってくれた。あとは神頼み。吐きそう。

祈り

歌舞伎町の神様へ。
近くで見てたでしょ？　目を背けたくなるような環境で一生懸命生きてきた白い命。
「たにゃ」に聞いてみてほしいんだ。
もし家猫になりたい、って言ってるのなら力を貸してください。

そして捕獲失敗

ダメだ、、ダメでした。
ごめんなさい。
僕はここだってときに決められないんだ。昔からそう。
なんでさ、ずっとじゃん、ずっと辛いことしかないじゃん。
もうそろそろいいだろ。
もう無理ってほど、踏んばってんじゃん。
小さな部屋でたにゃと一緒に、、ってそんなに贅沢な夢ですか？

大失敗。大失敗しました。
捕獲器に入ってルンルン♫でご飯食べてたんです。今日はいける。近寄っても捕獲器から出ない、チラッと見るだけ。扉閉められたんです。「よし!!やった!鍵を!」ってもたついている間にこじ開けられて、、遠くに走っていっちゃって……。
一度は閉まったのに…。扉をゆがめながらこじあけて、、力強い、、。

また一から

ごめん、ほんとごめん、、たにゃごめん、、何度も謝って…近寄って謝って、、ご飯を置いて少し離れてみたら食べてくれはした、、んですけど…またイチからだ。
明日この場にはいないかも？　もう会えない？　ここは危険、僕は敵って思っちゃった？

猫の保護団体とか慣れた人に、って声もたくさんいただきました。
ほら、だから言ったじゃん、、って言われたら返す言葉もありません。ただ僕なら納得してくれると思ったんです、たにゃも。僕になら捕まっても仕方ないかなって思ってくれるんじゃないかって。

だからたにゃを保護するとき、たにゃの目には僕しか映りたくなかったんです…僕だけで終わらせたかった…ただの自己満足なのかもしれません…。僕ひとりで抱きたかった…結果こうなってからでは遅いかもしれませんが、、ごめんなさい、、ごめんなさい…。

僕が保護を失敗してから足元でご飯を待ってくれなくなった。
壁の上でじ〜っと待ち
僕が離れたら降りてご飯を食べる。

こいつと俺の間にできた壁は大きい。

背中越しにご飯を用意するのをジッと見てるから、
僕は背中でうったえる。

大丈夫だから…って。

寂しい。

2022.8.16

疲労。
頭の中にずっともやがかかったのが続いてて、、会社を休んだ…。
仕事？　全然気にならない…😅

気になるのは、、たにゃのご飯だ。

部下にお願いした。よい仲間たちで本当によかった。
普通は仕事に穴あけて、この人何言ってんだ？
野良猫の心配？ってなるのに…。

2022.8.27

ん?　どうした?

空模様が気になる?

ご飯食べたっけか?って食べたよ、、

鍵閉めてきたっけ?
って、たにゃの家には鍵があるの?

今俺はおまえとの距離が戻ってうれしい。
そろそろかな、、もう一度チャレンジさせて。
一緒になるんだ。
なんだよ〜って突っ込みあいながら、
ドタバタ笑って暮らそ。

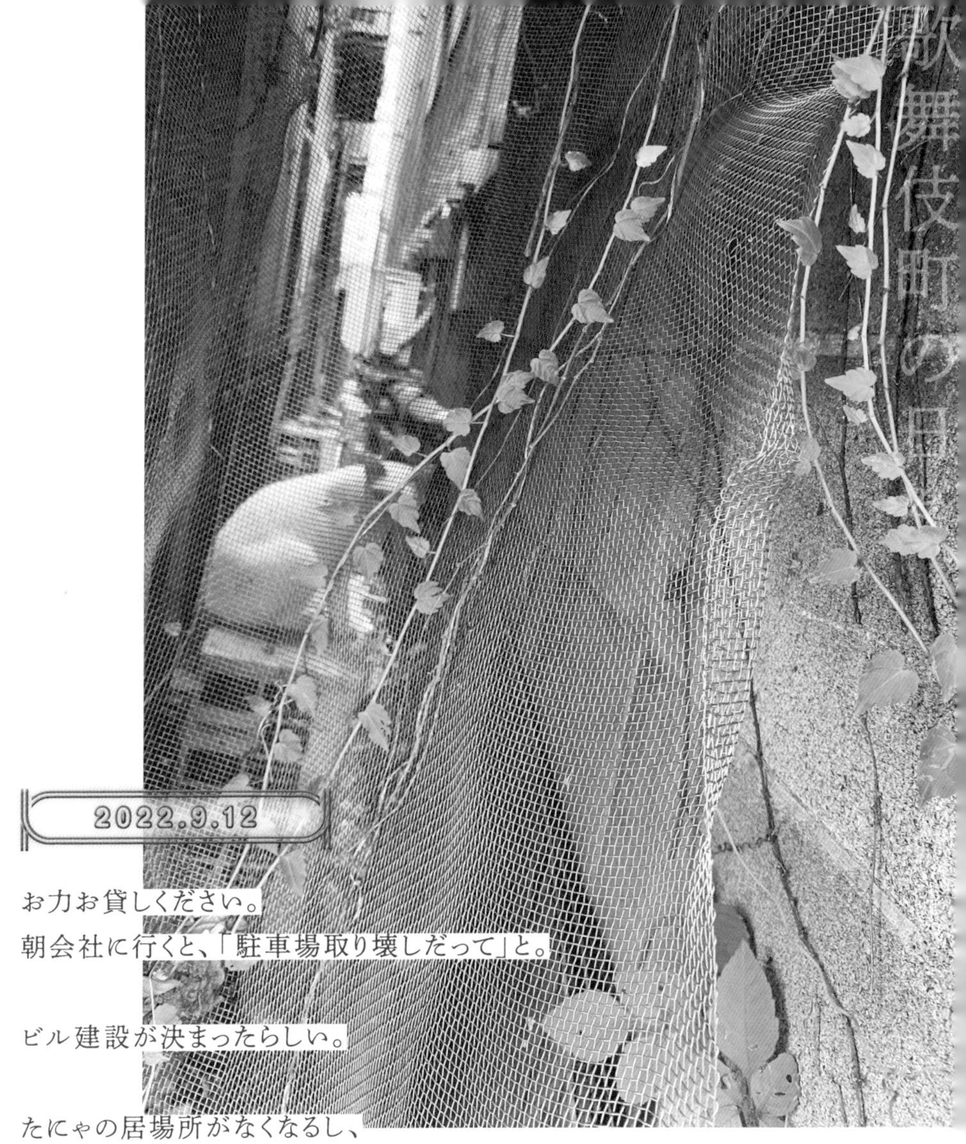

2022.9.12

お力お貸しください。
朝会社に行くと、「駐車場取り壊しだって」と。

ビル建設が決まったらしい。

たにゃの居場所がなくなるし、
僕が立ち入れなくなる。
劣悪な環境で必死に生きるたにゃを助けたい。
ご飯さえ近くで食べてくれるのであれば
保護できるって方いませんか?

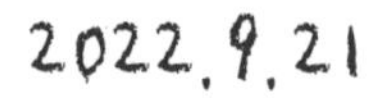

速報！
たにゃ保護！！
たにゃ保護！！

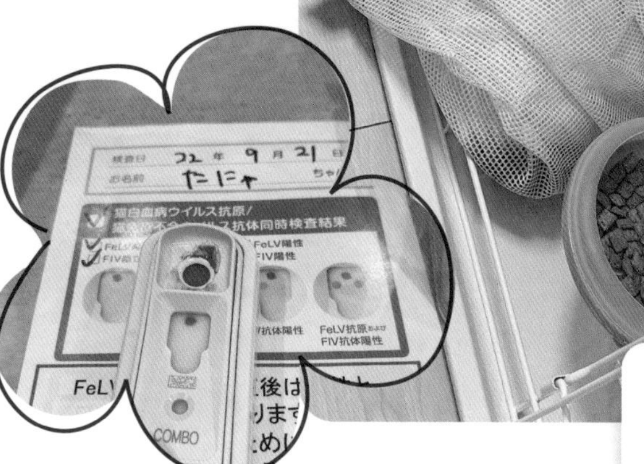

お名前、たにゃ。

動物病院のカルテに名前が書かれた瞬間、
なんか認められたような、、
家猫になれた瞬間というか、、なんというか、、
たにゃの血すらもうれしくて、、
これ、たにゃの血？って何回も聞いちゃって、
検査の結果もよかったね。
よかったね、、さぁ帰ろ。

パパさんのこのときの気持ち

一生のお願いです。もう何もいらない、ほかには何もいらない。一緒に住ませてくれ、って本気で願ったの、覚えています。保護当日も手伝いにきてくれたボランティアさんに、「本当に？　本当に？　大丈夫？　大丈夫?」ってしつこかったでしょうね、、、。でも覚えてます、あの時のボランティアさんの目。「大丈夫」って強く言ってくれた目。うん、うん、、、信じるねって。その時、「ガシャーン」って捕獲器の扉が閉まる音がして。入った～って！　たにゃ入った～!!ってうれしくて。だから、もう僕、一生のお願い使っちゃったんです、、、後悔はないですよ。

2022.9.23

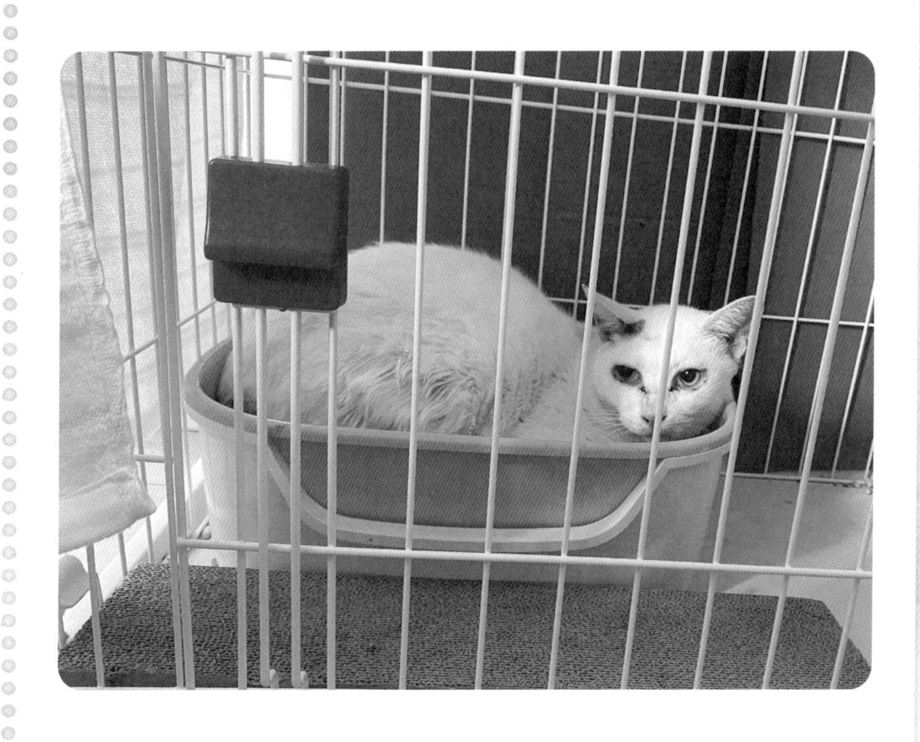

ずっとずっと前を向いてれば神様と目が合う時が来る。
僕はたにゃにそう教えられた。
なんでさ、なんでさ、ってゴミ食べてた時だってあったと思う。

今慣れない場所で不安だよね。
でも目の前にいるおっさんは
約2年間毎日話したあのおっさんだ。
安心しろ、たにゃ。

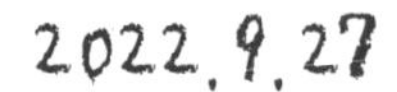

ご飯を食べてくれない。3日目だ、、、。
朝にタラとササミをゆでて、置いてきたけど
帰ったら食べてなかった、、
ゲージの上段でずっと固まってるし、たにゃ、食べよ、、

2022.9.29

保護をして9日目。
しばらくご飯を食べなかったおまえが
少しミルクを飲んでくれた。
皿の内側にはねた跡は
「飲んだよ」のおまえの合図。
ありがとう。ありがとうな、たにゃ。
頑張ってくれてありがとう。

2022.9.30

たくさん食べて、たくさん飲んだ。
おまえはすごいよ、、。
前向いて生きる、
おまえの答えだと思って
受け止めていいんだね、、
あぁ、、よかった…。

2022.10.1

あぁ〜たにゃ脱走した〜

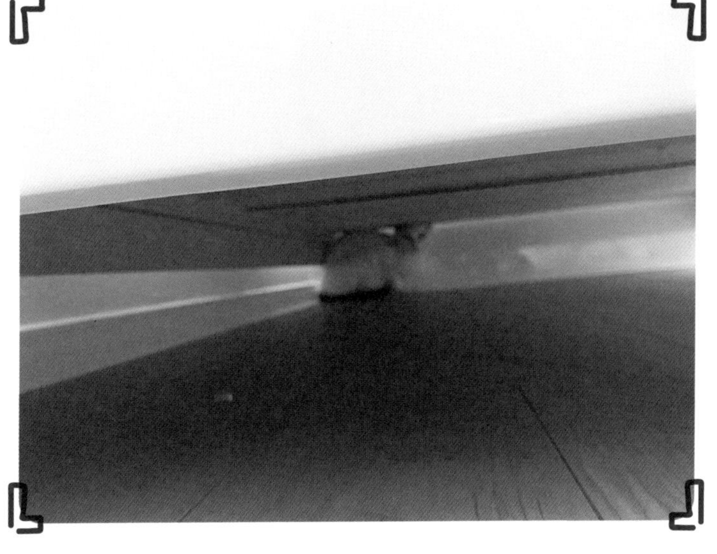

いました、、😁

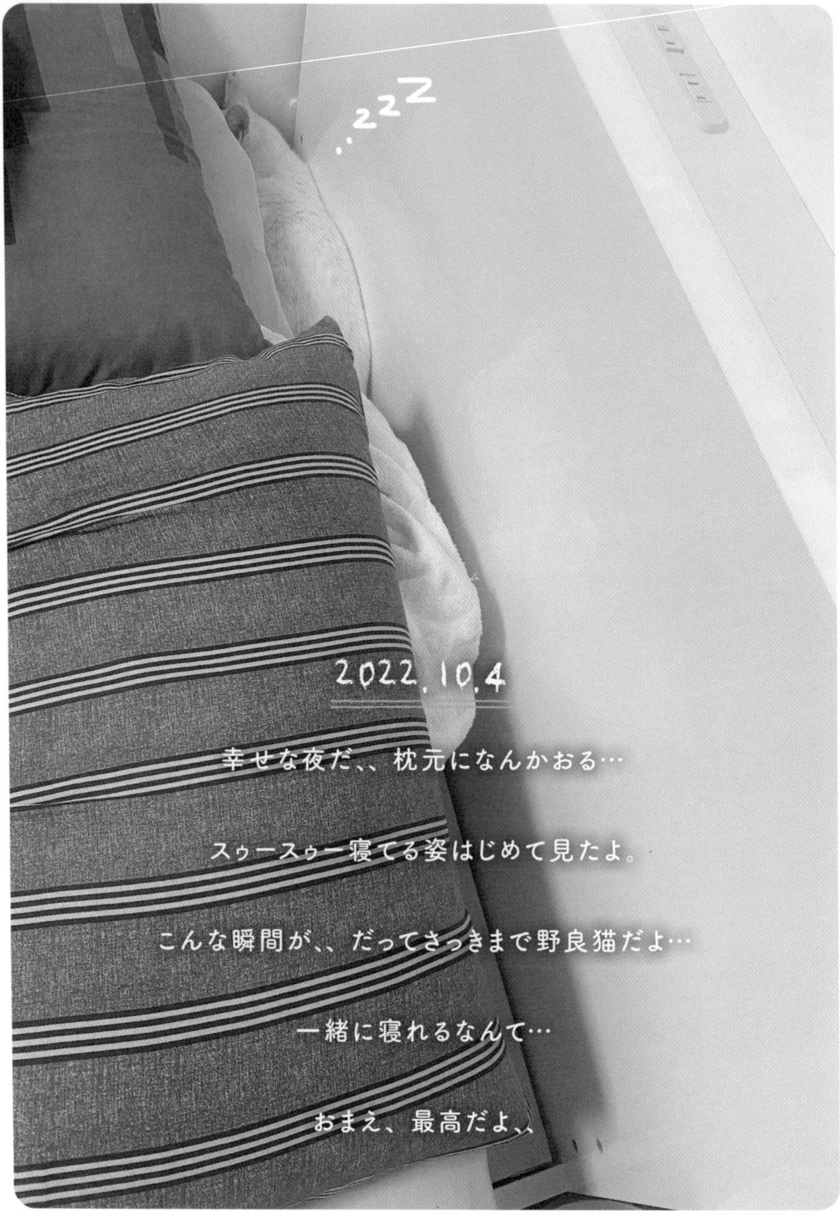

..zzZ

2022.10.4

幸せな夜だ、、枕元になんかおる…

スゥースゥー寝てる姿はじめて見たよ。

こんな瞬間が、、だってさっきまで野良猫だよ…

一緒に寝れるなんて…

おまえ、最高だよ、、

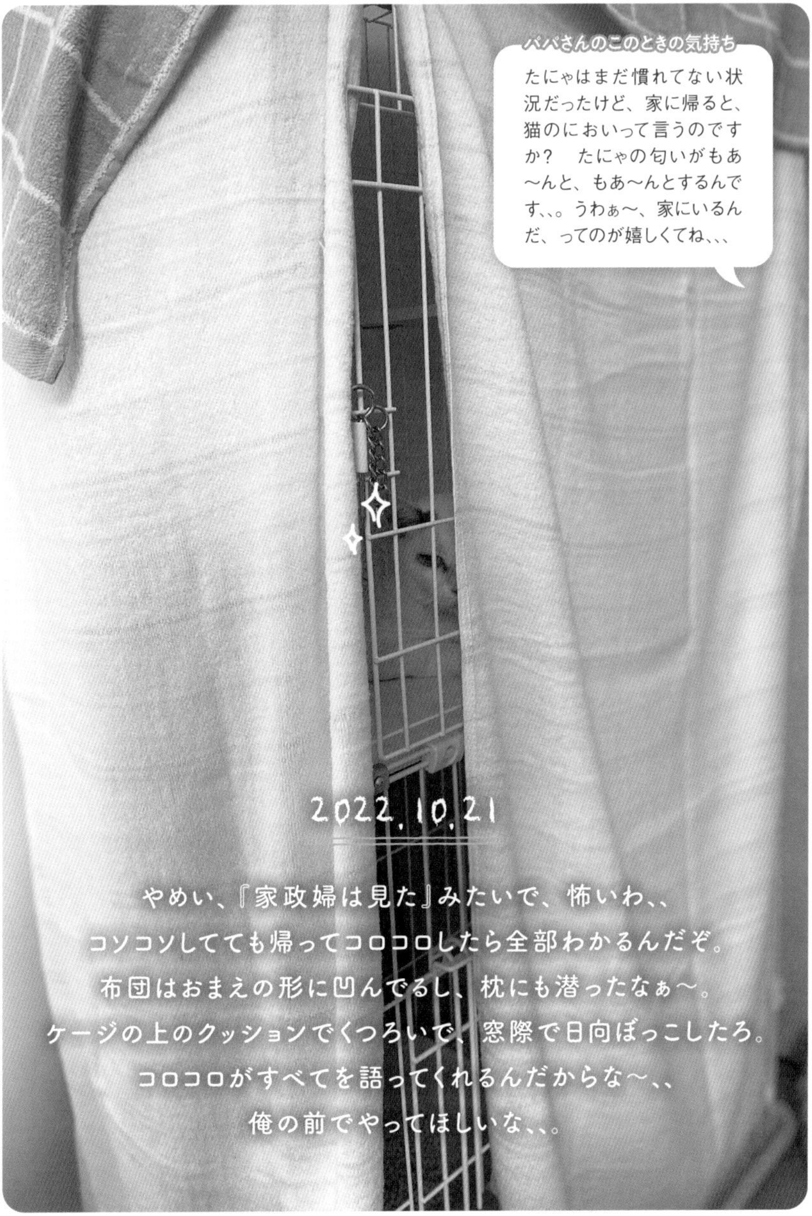

パパさんのこのときの気持ち

たにゃはまだ慣れてない状況だったけど、家に帰ると、猫のにおいって言うのですか？　たにゃの匂いがもあ～んと、もあ～んとするんです、、。うわぁ～、家にいるんだ、ってのが嬉しくてね、、、

2022.10.21

やめぃ、『家政婦は見た』みたいで、怖いわ、、
コソコソしてても帰ってコロコロしたら全部わかるんだぞ。
布団はおまえの形に凹んでるし、枕にも潜ったなぁ～。
ケージの上のクッションでくつろいで、窓際で日向ぼっこしたろ。
コロコロがすべてを語ってくれるんだからな～、、
俺の前でやってほしいな、、。

2022.11.11

「ご飯まだ?」って感じで
ジィ〜っと見てくるようになった。
ニャによ〜,,ちょっと待ってねぇ〜
今してるから〜

っておっさんがキッチンで返事。
だいぶキモい,,😱

2022.11.24

昨日の東京は雨。
みんなが嫌いな雨も、野良猫にとっては命の水なんだ、って教わった。
泥水を飲んででも、生きる。
なんで僕ばっか、なんで僕ばっかり、そう思って生きてきたのかな?
俺もそう。
なんで俺ばっかり、、って思って生きてきた。
明日なんて考える余裕もない。
今日で必死だもん。

たにゃ、ただいま。

2022.11.29

なんと言うことでしょ～、と
『劇的！ ビフォーアフター』の
ナレーションが聞こえてきそうなくらいの、
ビフォーアフター ☺

いつも薄汚れていた毛は
すっかり綺麗になったね。
フワッフワだ。

行ってきます。

2022.12.23

自由な世界から狭いところに閉じ込めて
ごめんな、とも思うし、
こんな姿を見ると、これでよかったのかな、
とも思うし、、わからない。
ただ狭いってのは努力で変えることができる。
頑張って広々した部屋に引っ越せばいい。
まだまだ俺たちはこれからだ。
行くぜ。

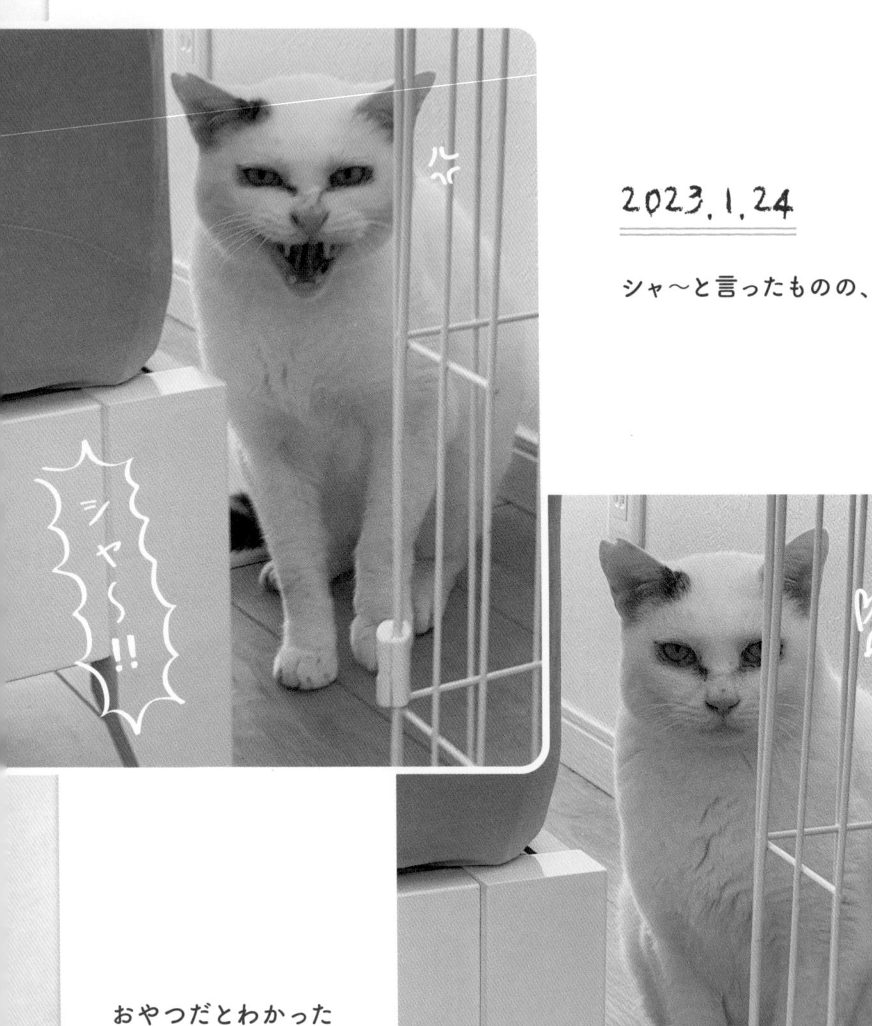

2023.1.24

シャ〜と言ったものの、

おやつだとわかった
瞬間の顔…ｗｗｗ

2023.1.27
おまえは昔、冷たいブロックを枕にして
歌舞伎町ビル街で
わずかに太陽が当たる場所を探して寝ていたね。
でも今は太陽がおまえのこれまでの苦労をねぎらうように、
優しく優しく包み込んでくれる。
ずっとお天道様は見てくれていたんだ。
たったひとりで懸命に生きてたおまえを。

2023.2.12

歌舞伎町野良猫時代→家猫半年

環境や人で変わるんだって、優しさに。
俺の人生何ひとつ
自慢できることなんてなかったけど、
1つできたよ、おまえって存在。

たにゃとパパが家族になって

2023.2.20

カランって音がしたから、見てみたら、
僕の見えない所でコッソリとおもちゃで遊んでた…。
家猫になって半年、めちゃくちゃうれしかった。
「ねぇ〜家猫ってのはネズミさんじゃなくて
こんなので遊ぶの？　つまんないね」
そう言いながらおまえはカランカランって。
ありがとう。

2023.3.1

カチャカチャ

ん??

「ただいま～♫」

むにゃむにゃ、、ぬ、主なのか、、、？

「おやつにしよっ♫」

す、すぐ行くにゃ、、、

おやつ待つ時だけはお行儀よし！w

たにゃとパパが家族になって

歌舞伎町の夜がはじまる。
酔っ払いの叫び声、サイレン、鳴り響くクラクション、
その音にビクビクしながら朝を待つ。
怖がるおまえを見るのが辛かった。
俺も明日また会えるかなって不安で
その場を離れるのが嫌で、嫌で。
いくつもの夜を乗り越えて、今隣にはおまえがいる。

2023.3.10

夕方、ベッドに埋もれながら
空をぼ〜っと見るのが好きみたい。
たまに通る鳥を見ながらおまえは何思う?
歌舞伎町が懐かしいかい?
家猫は退屈かい?
今日の夕飯は野良時代から好きだった
スープ仕立てにしようか。

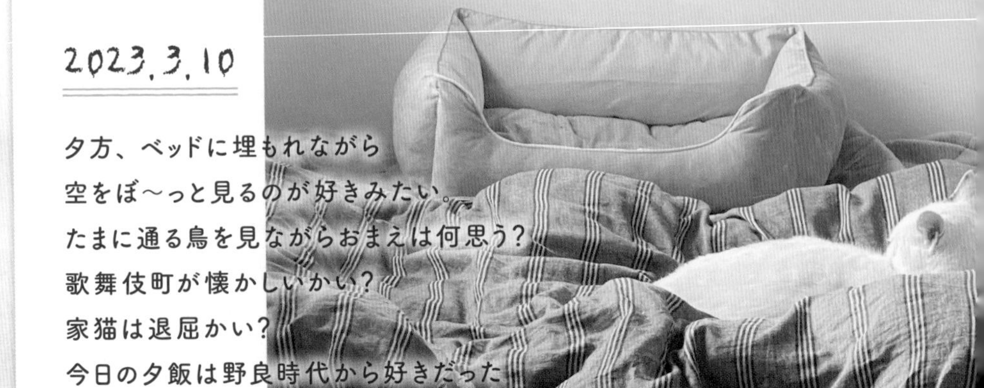

2023.3.25

東京はずっと雨。
最近気づいたこと。
雨の音がすると
決まってクッションの中に隠れるんだ、、
濡れちゃう、、ってまだ思ってるのかな、、
野良時代、雨だとずっと車の下で隠れてたね。
嫌だね、、雨、野良時代思い出すね。
もう濡れないんだよ、、

2023.4.1

君が遊んでいた塀はなくなって、地面にはコンクリートがはられて。
君が住んでいた場所は「お〜い」って呼んだら
今でもいつものようにヒョコって顔を出す君がいそうで、、懐かしいな、、
さて、帰ろう。
君が住んでいる部屋に。

2023.4.24

笑って寝てる、、
笑って寝てるよ、、
すごくうれしかった、、
朝からめちゃくちゃ涙が出た、、
うれし泣きってやつ…
こいつの過去知ってるから、、

2023.5.1

ねね、、給料日っていいよね、、
「何さ、、急に、、」
昨日のお刺身おいしかったよね、、
なんかさ、
一緒のものを食べてるってのがいいよね、、
「そだね、、家族だからね、、」
そかそか、、家族っていいよね、、
僕には家族がいるんだね、、

2023.5.23

外の雨すごいね、、雷も。
ずっと外を見てる、、
怖いね、、思い出すよね、、
ずぶ濡れで芯まで冷えて
震えてた日だってあったよね、、
もうダメかも、、って
思う日だってあったよね、、

大丈夫。
怖かった思い出、
全部消せるくらい幸せにするから。
幸せの上書き。

ジーーッ…

2023.5.17

「ね～昨日の話の続き聞かせて」
あぁ田舎に住んで古民家でラーメン屋でも、って話し？
「いいね、僕は縁側で風を感じてボ～っとお客様を眺めて」
夢って口に出すことが大事なんだ。
「僕はそれで叶った。
パパさんに会ってから毎日口に出してた夢があったんだ」
その夢って？
「内緒っ♫」

たにゃのつぶやき

ね、僕って汚い？　みんな僕を見て汚いって言うんだ、、。
パパさん「汚くないよ、、少し汚れているだけ」
汚いと、汚れてるは違うの？
パパさん「違うよ。汚れはとれるんだよ」
じゃあ僕はピカピカになれるんだね。

まさかって思うことが絶対起こるからさ、
でもそれは明日じゃないかもしれない。
明日も大変かもしれないけど、、でも、まさかね、、って
考えもしなかった素敵なこと、起こるから。
僕がね、まさかね、今ベッドで寝ているんだ。
僕が出会ったときのパパさんはね、
明日なんてない、希望なんてないって顔してたんだ、、。
ま、僕もなんだけどね、、。
でもね、今ね、「行ってきま～す」って元気に出勤してるよ。
でね、僕は見送ってから二度寝。幸せさ。

死のうって思ってたんだって。
僕も、パパさんもう死んじゃうかも、って思ってたんだ。
でもね、、今はそんなこと思わない。
生きよ、って思ってる。
1分1秒でもふたりで長くいたいから。

巻末スペシャル

たにゃパパ ロングインタビュー

たにゃとパパさんのお話をもっと聞きたい!と 編集部がインタビューを敢行。
出会いから、保護したあとの暮らし、そして未来のことまでうかがいました。

「お前、明日死んじゃうんじゃないの?」

たにゃと出会って2年半ほど、ともに暮らしはじめて10か月。たにゃパパさんはこれまでを振り返って、「仕事がらみの状況は何も変わらないけど人生は激変した」と話します。

「コロナ禍の歌舞伎町は、想像を絶するほどの打撃を受けました。僕の会社も絶望的な状況に追い込まれ、お金がすっかりなくなってしまって…。心は限界まで弱り、疲労もピークで、もう死んでしまおうか……と考えるほど。

じつは、たにゃと出会う数日前、とあることで人生で初めて土下座をしたんです。でも内心では『頭を下げてまで、このまま仕事を続ける意味があるのか…』とも思いはじめていました。

そんなある日の明け方、会社で契約している歌舞伎町の駐車場で視線を感じたんです。すると1匹の薄汚れた猫がジッと僕を見ていて。ここで猫を見かけたのははじめてでした」

これがたにゃです。これまで、猫に興味をもったことはなかったというたにゃパパさんですが、どんな心境の変化があったのでしょうか?

「すごく心が弱っていたんでしょうね、つい話しかけちゃってね…。『なんか俺の顔についてる? 死神とか見えてるの?』って。『もしかして、おまえ明日死んじゃうんじゃないの?』

って、見透かされている気がしました。『全部わかっているよ』って目で。たにゃは今、家にいますけど、そういう神秘的なオーラはそのままです。

その日から、どんなに疲れていても朝晩必ずご飯をあげに行きました。はじめは遠いところから食べる姿を見守って、次第に足元で食べてくれるようになって。たにゃにご飯をあげることが生活の一部になっていたのですが、ある時、姿が見えなくなったことがあって。『まさか……』と、ものすごく焦りました。駐車場に隣接しているビルやホテル、全部に声をかけて、裏口やあらゆるすき間を見せてもらって、毎日探しました」

数日後、たにゃは何事もなかったかのように姿を現します。

「人の心配もよそに、きょとんとした顔で(笑)。もう二度とこんな思いをしたくない、と捕獲を試みました」

1回目はたにゃパパさん自ら捕獲器を仕掛けたものの、失敗。

「Twitterのフォロワーさんたちからアドバイスをいただき、その3か月後に保護団体にも相談して、2回目の捕獲を試みました。たにゃが暮らす駐車場が閉鎖されることになり、もうあとがなかったんです。そして、忘れもしない2022年9月21日。ようやく捕獲することができました。病院に直行すると虫だらけでしたね。

たにゃはさくら耳（耳カット）されていたのですが、保護団体の方によると10年以上前にTNR※したときの子ではないかと。そんなに長い間、歌舞伎町でひっそりと、ギリギリの状態で懸命に生きてきたんです。僕なんかより、ずっとずっと頑張ってたんですよ」

※編集部注
野良猫の繁殖を防ぎ、過酷な環境で暮らす猫を増やさないための活動のこと。【Trap／安全に捕獲し】・【Neuter／不妊手術し】・【Return／元に戻す】）の頭文字を取って、TNRと呼ばれている。

たにゃは「猫の形をした、なにか神聖な存在」

部屋の片隅で「シャーッ！」と怒ったり、ふかふかのベッドで気持ちよさそうに眠ったり。たにゃの幸せそうな現在の姿は、Twitterで見ることができます。マイペースに過ごすたにゃに思わず笑ってしまうことも。

野良猫だったたにゃが暮らしていた場所は、目を覆いたくなるほど不衛生で、荒れた場所でした。家猫になった今でも、雨の音がするとクッションの下に隠れてしまうたにゃ。どれだけ怖くて、つらい毎日だったかと想像すると胸が痛みます。

「野良猫時代は酔っ払いの怒声や鳴りやまないサイレンに怯えていたはずなので、音や光に驚かないように、テレビは撤去しました。洗濯機の音も怖いみたいで、洗濯はもっぱらコインランドリーです。掃除機だけはごめんねと言いながらかけさせてもらっていますが…。

地方への出張があっても24時間以内に絶対に家に帰ります。どれだけ尽くしてもいまだに触ることはできませんが、最近は僕の上を踏んで歩いていくようにはなりました（笑）。僕が起きるとパッと離れて行っちゃうんで、薄目を開けて、寝たふりをして。もうそろそろ触ってもいいよって合図だといいなぁ」

たにゃパパさんにとって、たにゃはどんな存在なのでしょう？

「たにゃって……たぶん猫じゃないんです。神様みたいな、猫の形をしたなにか神聖な存在。たにゃがうちに来てくれて人生が変わったかと聞かれると、状況は何も変わっていません。お金はないし、仕事もまだまだ苦しい状態。

今までは頭の中に『仕事と借金』の２つしかありませんでした。朝起きると、その２つしか考えることがない。でも、今はたにゃのご飯のことを考え、たにゃの飲む水を取り替えて、たにゃのトイレを掃除する。24時間のうち、仕事と借金のことを考えない時間が増えてきたんです。たにゃがいなかったら、しんどいことしか頭になかった。でも、それ以外のことを考えるようになったから、今生きていられるという感じです」

ボランティアをはじめた自分にも驚いているというたにゃパパさん。

「たにゃを保護してくださった保護団体さんで、恩返しの思いを込めて搬送のお手伝いをしています。保護した猫を病院に運んだり、里親さんの家に届けたり。たにゃに会うまでは、保護猫という存在がいることすら知らなかったんです。これからは自分なりのやり方で、保護猫活動に一生関わっていこうと思っています」

これまでつき合ってきた人は、たにゃパパさんのことを「『たんぽぽを踏んで歩くような人』だと思っているはずだ」と話します。

「でも僕は、本当はたんぽぽをよけて歩く人間ですよ」。たにゃはきっと、それも見抜いていたのでしょう。

弱さを知ると、優しい世界が見えてくる

「自分で言うのは恥ずかしいのですが、僕、コロナ前は仕事もうまくいっていて、ちょっとイケイケだったんです。でも、そういうときに限って、困っている人に気づかない。あの時だったら、お金に余裕があった時なら、もっといろいろとできたことがあるはずなのに……本当に後悔しています。もし、もう一度仕事がうまくいったら、困っている人にお金を回したい。そう神様が言ってるんだと思います。状況は変わっていなくても人生が変わったというのは、そういうことです」

仕事が順調だったころ、同業者の集まりなども頻繁に顔を出していたというたにゃパパさん。今振り返ると「何の意味もなかった」のだそう。

「本当に、何も自分の役に立たなかった。そもそも、コロナ禍で経営が傾いたとたん、多くの人は離れていきました。自分の肩書やポジションでつながっていただけ。つまらない関係です。

でも、たにゃと出会ったことには意味がありました。これまで気づかなかったことが、次々と見えるようになったからです」

コロナ禍に、たにゃパパさんはフードデリバリーの仕事も経験。そこで悲しい現実を知ることになりました。

「僕が配達していたエリアがたまたまそうだったのかもしれませんが、シングルマザーと思われる方が遠隔で操作して、子どもにお弁当やハンバーガーを届けているんです。イン

ターフォンを押すと、暗い部屋から子どもが受け取りに出てくる。受け取ったことが生存確認になるんですよね……。1件や2件の話ではないです」

その経験から、たにゃパパさんは「子ども食堂」を開くことを決意。

「子どもたちに、栄養のあるご飯を食べさせてあげたいじゃないですか。絶対に実現したいので少しずつ動き始めています。これも、たにゃが導いてくれたことです」

Twitterのたくさんのフォロワーさん、ボランティアの方々。たにゃを通じてつながることができたのは、これまでのたにゃパパさんの人生ではまったく接点のなかった人たちでした。

「自分が強いときは、きっといろいろな弱さに気づかないんです。ボロボロになって生きる猫の姿にも気づかない。僕も、自分がこういう立場になってようやく気づきました。

Twitterは、はじめは自分の記録用として投稿していたものですが、思いがけず多くの反響をいただきました。おかげで、過酷な環境で生きる猫がたくさんいることも知りました。たにゃのアカウントで1匹でも多く猫の命を救えるなら、と今はその手助けの意味も込めて投稿しています。

そして自分の人生にも想像もできなかったことが起きたり、今まで考えたこともなかった道が開けたり。『元の暮らしに戻るんだ』とあらがって苦しんでいたけど、この流れに身を任せてもいいのかな、と思うようになりました。これからは多分『こっち側の道』を歩いていくと思います」

たにゃと駆け落ちするんだ

たにゃパパさんが歌舞伎町で仕事を始めてから20年ほど。歌舞伎町はどんな場所かと聞くと、「冷たい街」だと言います。

「弱い人間が集まっている場所かな。何かしらの理由で地方から上京して、右も左もわからない。でもここには24時間開いている飲食店もたくさんあって、一見寂しくない。もうひとつの家族を探しに来ているような感覚だと思います。

そう話すと下町っぽく聞こえると思うんですけど、結局は冷たい街なんでしょう。こんなにたくさん人がいるのに味方がいない。こんなに明るいのに本当のぬくもりを得られない。だからこそ、『いつか歌舞伎町から脱出するんだ』という思いをみんなが抱いている」

たにゃパパさんも、たにゃと出会ってぬくもりを得ました。そして、新しい人生も描き始めたそう。

「たにゃと一緒に、これまでとは全然違う道を歩いていきたいと思っているんです。どこか田舎のほうに古民家を買って、そこでラーメン屋さんかおそば屋さんを開こうかなぁ、とか。まるで駆け落ちですね(笑)。ずっと物件情報を見ていますよ。今の仕事の責務をまっとうしたら、たにゃと一緒に歌舞伎町を卒業しようと思っています。あ、たにゃは一足先に卒業してますね！」

人間も動物も、食べていくこと、生きていくことは大変だと話すたにゃパパさん。

「雨が降ったら、軒下で震えている猫がいるかもしれない。何日もお腹を空かせている猫がいるかもしれない。たにゃと自分の物語を知ってくれたなら、そんな野良猫たちにも思いを馳せてほしいんです。弱い存在に手を差し伸べてくれたらうれしい。たにゃと出会って、僕は自分でも知らなかった自分に出会えた。これは奇跡です」。

まさかね、僕を拾ってくれるなんて、、
この人は歌舞伎町の野良猫を綺麗だね、って言うんだ。
変わってるね、って僕は照れながら、、
歌舞伎町に生きてるとね、僕に傘を投げてきたり、汚いって言ったりね、、
そか、、僕は汚いんだ、、って思ってたんだ、
でも、、ひとりだけ、ひとりだけ、僕を見て、「おまえ、かっこいいじゃん」って
言ってくれた人がいるんだ。え、、僕が？　って、、
毎日会いにきてくれて、、だから、僕も信じてみよう、って決めて、
捕獲機に飛び込んだんだ。

たにゃのおうちを ちょっとだけお見せします。

たにゃの住んでいた場所は、言葉では表せないくらいの場所でした。
ジメジメして、言うのも嫌なものがたくさん落ちててね。

歌舞伎町ですよ…だいたい想像つきますよね。
僕ですら踏み込むのに躊躇するくらいの場所。

でも、そこで一生懸命毛繕いをしているのを見て、
「たにゃ、きれいになりたいんだ」って思った。
「なんできれいにならないんだろ?」って思ってるのかな…って。
だからね、たにゃが住むこの家はピカピカにしようって決めたんです。
たにゃに関係ないものは極力置かないって決めてるので、
殺風景ですけどね。

朝掃除をして、たにゃを見ながらビールを飲む。
これが今の僕の最高の休日の過ごし方。

この部屋は、この場所でもう一度チャンスをつかもうとする僕と、
この場所でもう一度、猫生をやり直そうとするたにゃ、
ふたりの心地よい覚悟が流れる空間。
少しだけご紹介します。

※編集部注:猫がストレスに弱いこと、たにゃのおうちにはパパさん以外に
人が入ったことがないことを理解したうえで、慎重に撮影をおこないました

ご飯を食べようかな〜と出てきたたにゃ、お風呂場に潜んでいたカメラマンさんを発見！　ちょっとびっくりしている顔です。

パパさんのベッドの上に、たにゃのお気に入りのベッドが２つ。「僕は床に寝てるんですよ(笑)」。快適な温度の中、敵に襲われる心配もなく、ふかふかのベッドで眠れることはなによりも幸せなこと。音に敏感なたにゃのため、パパさんはテレビも観ず、音楽もイヤホンで聴いているそう。

Tanya's Room Tour

たにゃのお気に入りのキャットタワー。日中は自然光が降り注ぎ、ポカポカと暖かく、窓辺から〝にゃるそっく〟(外を見張ること)もできます。掃除の行き届いたクリーンな空間は、パパさんの優しい思いが詰まっています。

ベッドの下に隠れたたにゃを見守るパパさん。「たにゃ、頭がいいですからね。簡単には撮影させないぞ、出てやらないぞ、って思ってるんだろうなぁ」

たにゃのご飯。右からウエットタイプご飯のちゅーるがけ、カリカリタイプのご飯の2種ミックス、左は食後(?)のおやつです。たにゃ王、至れり尽くせりです。

ベッド下の奥の方に潜むたにゃ。「カメラマンさん、撮らニャいで～」と思っているのでしょうか？　怖い思いをさせてごめんなさい。手前のボールがお気に入りだそうです。

忙しいパパさんですが、仕事と仕事の合間を縫っては家に戻り、猫砂のお手入れ。「たにゃ、トイレが汚れてるとしないみたいで…」。猫はとってもきれい好き。たにゃ、いつもきれいなトイレでうれしいね♪

Tanya's Room Tour

お部屋と玄関の間には、パパさん自作の脱走防止柵があります。「ガーデニング用の柵にアクリル板をはめただけですよ〜」と言うけれど、いえいえ、簡単に作れるものではありません。生粋の野良猫・たにゃ、一度外に出てしまったら、もう見つけ出すことは難しいでしょう。窓にもロックをつけ、頑丈に施錠していました。

キャットタワー前にあるイス。「野良時代が長かったたにゃは、家猫になっても触れないまま10か月が過ぎようとしています。抱っこしてみたい気もするけど、無理に距離を詰めることはしたくないんです。ここに座って、たにゃを眺めながらビールを飲むのが最高に幸せだから、今はそれでいいかな」

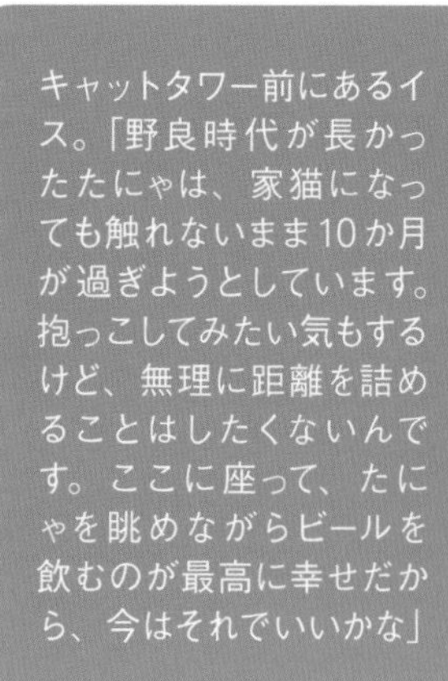

おわりに

最後に、僕とたにゃの本を手に取っていただき、ありがとうございます。
たにゃは人の手の温もりを知らずに育ちました。
本を通じての温もりを、たにゃは感じ取ってくれていると思います。
なでなでしてあげてください。

この本のお話が決まって、僕はノートと色えんぴつを持って、たにゃが住んでいた場所に腰をおろしました。当時の僕がここで何を思っていたのかを思い出し、それを伝えたかったから、、、。この本のカバーを外して見てみてください。そのノートが本体に印刷されています。

こうして僕たちが注目されるいっぽうで、表に出ることなく、ひっそりと命と向き合い、何匹もの命を救う活動されている方が多くいらっしゃいます。
その方々にも、より多くの支援が届くように活動していくことも、表に出させてもらった僕たちの使命だと感じています。僕たちの本が保護猫や地域猫活動を知ってもらうきっかけになることを願います。

最後に、、、もしあなたの前に今、またはこれから現れる子がいましたら、
そっと手を差し伸べてあげてください。
きっと、あなたにとっても素晴らしい日々が訪れますよ。僕とたにゃが保証します。

byたにゃパパ

今の精いっぱいの
2ショット写真です♪

たにゃパパ

関西出身、現在は東京に暮らす。歌舞伎町で働いて20年ほど。実家で犬と暮らしていたことはあるけれど、猫と暮らすのは「たにゃ」がはじめて。2022年2月からたにゃのことを綴ったTwitterを開始し、2023年7月現在、フォロワーは1万6000人。本書がはじめての著書。

Twitter
@kabukinoraneko

歌舞伎町の野良猫
「たにゃ」と僕

発行日　2023年8月10日　初版第一刷発行
　　　　2023年9月10日　　　第二刷発行

著者　たにゃパパ

デザイン　アベトシユキ
撮影　たにゃパパ、星 亘(P.3、P.91-94)
取材　島田ゆかり(P.84-89)
校正　西進社
編集　池田裕美

発行者　小池英彦
発行所　株式会社 扶桑社
〒105-8070　東京都港区芝浦1-1-1　浜松町ビルディング
電話03-6368-8872(編集)
電話03-6368-8891(郵便室)
www.fusosha.co.jp

印刷・製本　株式会社 加藤文明社

　ISBN　978-4-594-09524-6